RECHERCHES

SUR

LA PRÉSENCE DE L'ARSENIC

DANS LES

EAUX FERRUGINEUSES

DE L'AUVERGNE,

ET SUR

L'ACTION FÉBRIFUGE DE CES LIQUIDES MINÉRAUX;

Par le docteur V. NIVET,

Professeur adjoint à l'Ecole préparatoire de médecine et de pharmacie, membre de l'Académie des sciences, belles-lettres et arts de Clermont-Ferrand, etc.

CLERMONT,

IMPRIMERIE DE THIBAUD-LANDRIOT FRÈRES,

Libraires, rue Saint-Genès, 10.

1850.

RECHERCHES

SUR LA

PRÉSENCE DE L'ARSENIC DANS LES EAUX FERRUGINEUSES

DE L'AUVERGNE,

ET SUR L'ACTION FÉBRIFUGE DE CES LIQUIDES
MINÉRAUX.

———◦———

Plusieurs des médecins qui vivaient au dix-septième siècle ont signalé l'action fébrifuge des sources martiales. Fouet rappelle que les eaux de Spa guérissent les fièvres réglées ; un autre écrivain assure que celles de Plombières ont des propriétés semblables, et Jean Banc a guéri l'un de ses fils *d'une fièvre double tierce* accompagnée *d'une fort grande durté de ratte et opilation de toutes les veines mésaraïques*, en lui administrant les eaux de Sainte-Marguerite près de Vic-le-Comte.

Quelques auteurs ont attribué au changement d'air, à l'action des bicarbonates de soude et de fer, les propriétés anti-périodiques des eaux minérales ; je ne nie point l'action bienfaisante de ces substances, mais je pense que l'arsenic contenu dans ces liquides n'est pas étranger aux bons effets obtenus chez les fiévreux.

Tous les cliniciens savent, en effet, que certaines fièvres intermittentes chroniques qui ont résisté à l'action des anti-périodiques végétaux, sont quelquefois traitées avec succès par les préparations arsénicales.

Tant que les expérimentateurs (1) ont étudié des eaux minérales placées loin de nous, je me suis médiocrement préoccupé de leurs découvertes ; mais, il y a un mois environ, j'appris qu'un chimiste, dont on ne put me dire le nom, avait obtenu des taches arsénicales en plaçant dans l'appareil de Marsh des sédiments recueillis dans l'un des grands établissements de l'Auvergne ; cette découverte me frappa vivement : j'en fis part à M. Lecoq qui m'annonça, à son tour, que M. Lefort, pharmacien à Gannat, avait trouvé de l'arsenic dans les dépôts de la source Lardy, située dans la commune de Vichy. Aussitôt je me mis à l'œuvre et je commençai la série d'expériences dont je vais rendre compte à l'Académie.

Il me restait de mes premières analyses une certaine quantité de matières obtenues par l'évaporation d'eaux minérales transportées ; j'ai dû, tout d'abord,

(1) Voir, à la fin de cette note, le résumé extrait du Journal d'hygiène et de médecine légale.

les soumettre à l'action de l'hydrogène à l'état naissant.

Le résultat a été négatif, aucune tache arsénicale ne s'est formée sur la porcelaine.

Les dépôts, examinés, provenaient des sources de la Madeleine (Mont-d'Or) ; du bain tempéré de Châteauneuf, du Champ-des-Pauvres près de Clermont ; de Ternant ; et de Barrèges (c. d'Augnat).

Ce premier insuccès ne m'étonna point ; je savais que les sels de fer auxquels l'arsenic est uni, sont les premières substances qui se séparent de ces liquides minéraux quand on les conserve même dans des bouteilles bouchées.

L'arsenic, en supposant qu'il existe en assez grande quantité pour être sensible dans un dépôt représentant un litre d'eau minérale, avait dû se déposer sur les parois des vases où l'eau avait séjourné. Cette séparation des sels ferrugineux et arsénicaux contribue certainement à diminuer les propriétés des eaux minérales ferrugineuses transportées.

Avant de parler de l'examen des dépôts ferrugineux, je vais indiquer, une fois pour toutes, le procédé que j'ai suivi pendant mes expériences :

1°. Les dépôts ont été desséchés à une température de moins de 100° centigrades ;

2°. L'acide sulfurique, le zinc et l'eau distillée ont été essayés préalablement, ils étaient parfaitement purs ;

3°. Au commencement de chaque expérience, j'ai

d'abord introduit l'eau, le zinc et l'acide sulfurique ; j'ai enflammé l'hydrogène et je me suis assuré qu'il n'était point arsénical ;

4°. J'ai projeté ensuite le sédiment ferrugineux, et, après avoir allumé le gaz, j'ai reçu les taches, quand il s'en formait, sur une assiette de porcelaine.

5°. J'ai bien constaté que les taches métalliques et brillantes étaient solubles dans l'acide azotique, etc.

Si les essais tentés sur le produit de l'évaporation des eaux minérales n'ont point été heureux, il n'en a pas été de même de ceux que nous avons faits sur les dépôts ferrugineux des sources des Roches près de Chamalières, du Bain-de-César situé dans la commune de Royat, de Saint-Alyre et de Rouzat.

Un gramme du dépôt de la source des Roches a couvert de taches arsénicales très-rapprochées une surface égalant à peu près le quart d'une assiette de porcelaine.

La même quantité du sédiment recueilli au Bain-de-César a produit des taches encore plus nombreuses, et cependant l'introduction du dépôt dans l'appareil a donné lieu à la formation d'une mousse abondante qui a fait perdre une notable quantité de gaz hydrogène arséniqué (1).

_____

(1) J'aurais évité cette perte en traitant préalablement à chaud le dépôt par l'acide sulfurique.

Le sel ferrugineux de la grande source de Saint-Alyre a donné lieu à la formation de taches demi-circulaires, très-difficiles à obtenir. J'ai attribué cet effet à la dimension trop grande de l'ouverture du tube capillaire. — C'est une expérience à recommencer.

Enfin, M. de Lauzanne, propriétaire de la source de Rouzat, a eu l'extrême obligeance de m'envoyer, il y a quinze jours, un flacon de dépôt ferrugineux qu'il a ramassé dans les canaux qui reçoivent le trop plein des sources de son établissement. Deux grammes de cette matière ont fourni plus de 300 taches arsénicales dont la dimension dépassait 2 millimètres de diamètre.

Pendant la durée de mes essais, j'ai cherché à apprécier à sa juste valeur le procédé d'analyse indiqué par M. Schæuffèle. Ce pharmacien veut que l'on compte combien on obtient de taches arsénicales de 2 millimètres de diamètre. Et comme, d'après les expériences qu'il a faites, 226 taches de cette dimension représentent 1 milligramme d'acide arsénieux, on peut, d'après lui, déterminer à l'aide de ces taches la quantité d'arsenic contenue dans le mélange examiné.

Voici les objections que j'ai à faire à ce système :

1°. Beaucoup d'hydrogène arséniqué est perdu pendant qu'on attend que tout l'air enfermé dans l'appareil soit sorti, pendant qu'on déplace le tube

pour former les taches, et enfin lorsque l'extrémité
du tube capillaire est placé trop près ou trop loin de
la porcelaine par suite de l'incertitude des mouve-
ments de la main qui soutient le flacon.

2°. Il est difficile d'obtenir des taches d'égale largeur
et d'égale épaisseur. L'épaisseur varie suivant qu'on
laisse agir la flamme plus ou moins de temps sur la
porcelaine, suivant que le jet est fort ou faible, gros
ou mince ; quelquefois aussi les taches disparaissent
quand on éloigne un peu trop l'extrémité du tube
de l'objet sur lequel se dépose l'arsenic.

Malgré toutes ces causes d'erreur, on doit tenir
compte de cette indication, à la condition toutefois
qu'on n'y ajoutera pas une trop grande importance.

La présence de l'arsenic dans les dépôts recueillis
près du griffon des sources, prouve évidemment que
ce métal a été ramené des profondeurs de la terre par
les eaux minérales ; mais comme on ne sait point
encore quelle quantité d'eau est nécessaire pour la
formation d'un poids déterminé du sédiment analysé
par moi, on ne peut point savoir au juste combien il y a d'arsenic dans le liquide minéral naturel.
Je suis porté à croire que cette quantité est très-
minime, et qu'elle est en raison directe de la quantité d'oxide, d'apocrénate et de carbonate de fer
contenue dans l'eau. Du reste, je me propose de re-
chercher ultérieurement ce métal dans les matières
obtenues par l'évaporation des eaux prises à la source.

Malgré la découverte que je viens de vous signaler, j'espère que les buveurs d'eau , tranquillisés par l'expérience des siècles passés., continueront de boire sans défiance les eaux minérales qui les ont si souvent soulagés , et dont l'usage même exagéré n'a jamais occasionné aucun empoisonnement.

NOTE ADDITIONNELLE.

Au moment où l'on terminait l'impression de mes Recherches sur l'arsenic contenu dans les eaux minérales de l'Auvergne, M. Aguilhon a eu l'extrême obligeance de me signaler dans le 79ᵉ numéro des Annales d'hygiène publique et de médecine légale, un mémoire de M. Chevalier dans lequel j'ai trouvé des renseignements qui serviront de complément au travail que j'ai lu à l'Académie de Clermont.

D'après le chimiste de Paris, la découverte de l'arsenic dans les eaux minérales date de 1839; elle est due à M. Tripier, pharmacien major à Alger, qui reconnut que les eaux thermales d'*Haman Mescoutin*, servant à alimenter les bains dits bains enchantés ou bains maudits, contenaient de l'arsenic.

En 1846, M. Walchner, membre de la direction des mines du grand duché de Bade, signala la présence de ce métal dans les dépôts, les ocres et les eaux de plusieurs sources d'Allemagne. Le travail de M. Chatin, qui a trouvé du cuivre et de l'arsenic dans la source du parc de Versailles, remonte à 1847. Pendant la même année, MM. Lemonnier, Buchner, Caventou, Langlois, Bayard, Henry, Ménière, Audouard, Chevalier, Gobley et Schœuffèle, constatent la présence des sels arsénicaux dans un grand nombre de sources minérales froides et thermales qui appartiennent presque toutes à la France.

Dans le deuxième mémoire de MM. Chevalier et Gobley, il est dit qu'il existe de l'arsenic dans les eaux minérales, ferrugineuses, acidules, *froides de Royat* (ces eaux ont 35° centigrades), d'Hauterive, de Provins, dans les eaux thermales de Vichy, de *Saint-Mart* (ces sources marquent + 32° centigrades), de Plombières, du *Mont-d'Or* et de Bourbonnes.

Le même métal a été découvert dans les dépôts recueillis aux sources de *Royat*, de Provins, de *Jaude*, de *Saint-Mart*, etc. *Il n'existe pas d'arsenic dans l'eau de Saint-Alyre ni dans son dépôt.*

MM. Gobley et Chevalier n'ont point obtenu de taches arsénicales avec le produit de l'évaporation d'un litre d'eau minérale de Châteldon; mais ils n'en tirent point la conclusion que l'arsenic n'existe pas dans ces liquides minéraux.

Quoique ces faits nous ôtent le mérite de la priorité, nous les avons lus avec un grand intérêt, parce qu'ils concordent avec nos expériences et confirment les résultats que nous avons obtenus.

Avant d'abandonner ce sujet, nous croyons utile de relever une erreur commise par les chimistes de Paris. Ils annoncent que les dépôts de la source de St-Alyre ne contiennent point d'arsenic, et cependant MM. Lamotte et Nivet ont obtenu des taches caractéristiques, en traitant par l'appareil de Marsh les travertins et les dépôts ocreux de cette fontaine.

Clermont, impr. de Thibaud-Landriot frères.

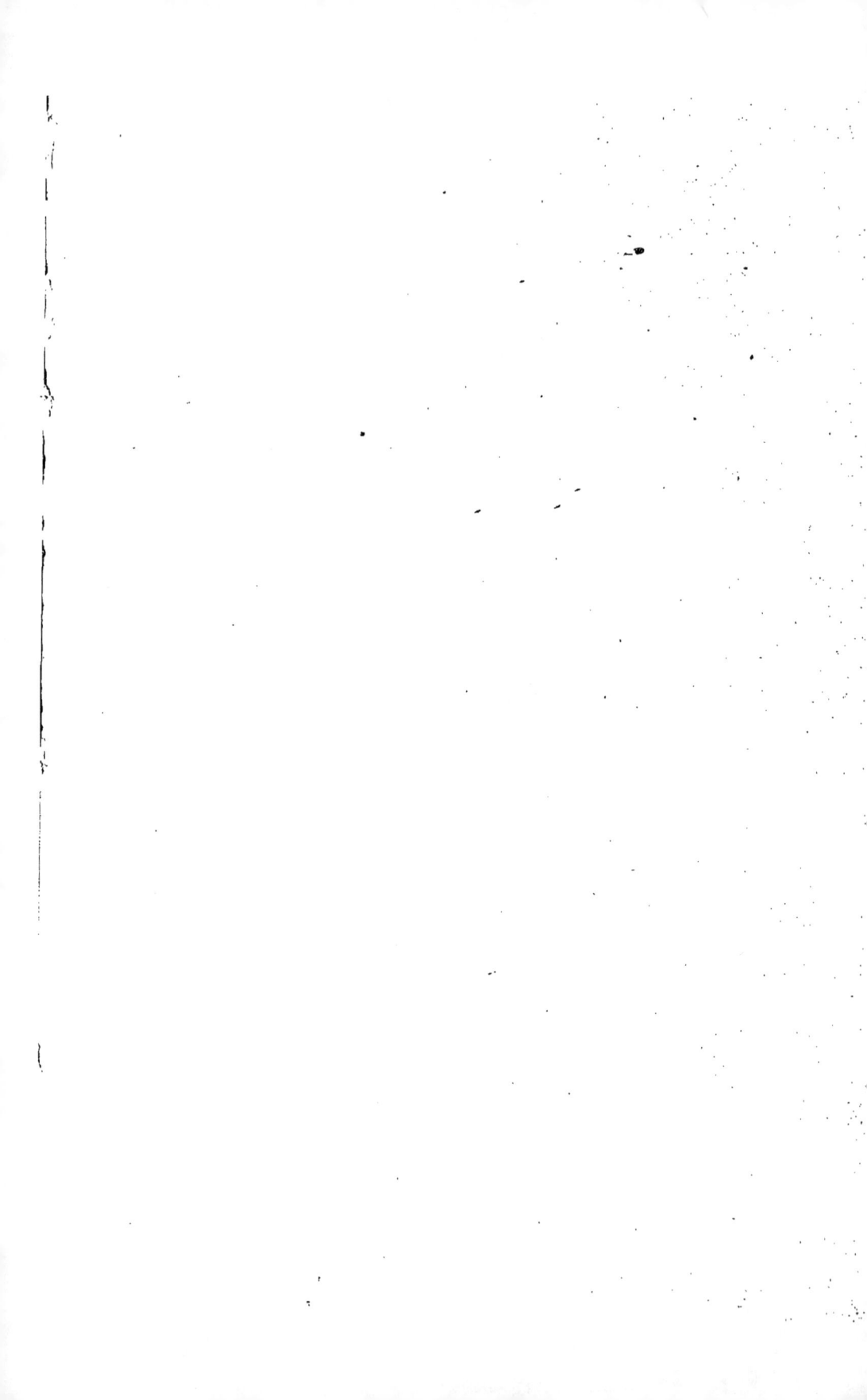